U0068056

●● 知識讀本館

小艾的四季科學筆記 3：冬日篇　雪人消失了
The Acadia Files: Book Three, Winter Science

作者｜凱蒂・柯本斯 Katie Coppens
繪者｜荷莉・哈塔姆 Holly Hatam　譯者｜劉握瑜
責任編輯｜戴淳雅、詹嬑馨　美術設計｜丘山　行銷企劃｜劉盈萱

天下雜誌群創辦人｜殷允芃　董事長兼執行長｜何琦瑜
兒童產品事業群
副總經理｜林彥傑　總監｜林欣靜　版權專員｜何晨瑋、黃微真

出版者｜親子天下股份有限公司
地址｜台北市 104 建國北路一段 96 號 4 樓
電話｜（02）2509-2800　傳真｜（02）2509-2462
網址｜ www.parenting.com.tw
讀者服務專線｜（02）2662-0332　週一～週五：09:00~17:30
傳真｜（02）2662-6048　客服信箱｜ bill@cw.com.tw
法律顧問｜台英國際商務法律事務所・羅明通律師
製版印刷｜中原造像股份有限公司
總經銷｜大和圖書有限公司　電話：（02）8990-2588
出版日期｜2022 年 1 月第一版第一次印行
定價｜280 元　書號｜ BKKKC187P
ISBN｜ 978-626-305-110-2（平裝）

訂購服務
親子天下 Shopping｜ shopping.parenting.com.tw
海外・大量訂購｜ parenting@cw.com.tw
書香花園｜臺北市建國北路二段 6 巷 11 號　電話（02）2506-1635
劃撥帳號｜ 50331356 親子天下股份有限公司

立即購買 >

國家圖書館出版品預行編目（CIP）資料

小艾的四季科學筆記 . 3, 冬日篇：雪人消失了 /
凱蒂 . 柯本斯 (Katie Coppens) 文；荷莉 . 哈塔姆
(Holly Hatam) 圖；劉握瑜譯 . -- 第一版 . -- 臺北市：
親子天下股份有限公司, 2022.01
80 面；17x23 公分 . -- (知識讀本館)
注音版
譯自：The acadia files. book three, winter science
ISBN 978-626-305-110-2(平裝)

1. 科學 2. 通俗作品

308.9　　　　　　　　　　　　　110018043

小艾的四季科學筆記 3

冬日篇

雪人消失了

文 凱蒂‧柯本斯 Katie Coppens

圖 荷莉‧哈塔姆 Holly Hatam

譯 劉握瑜

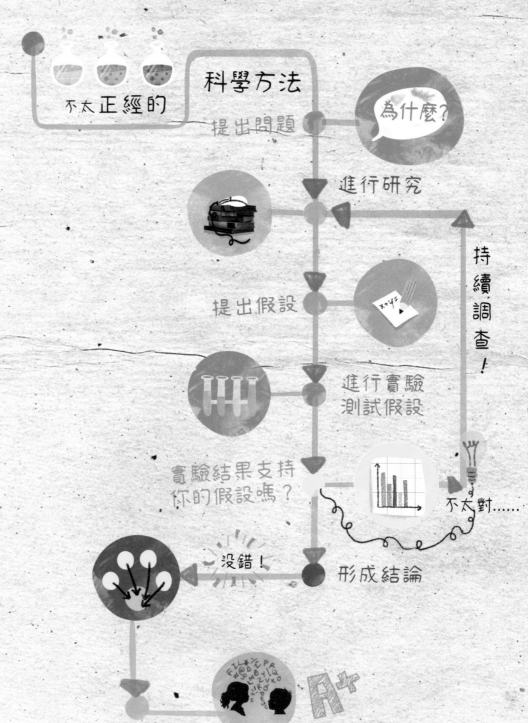

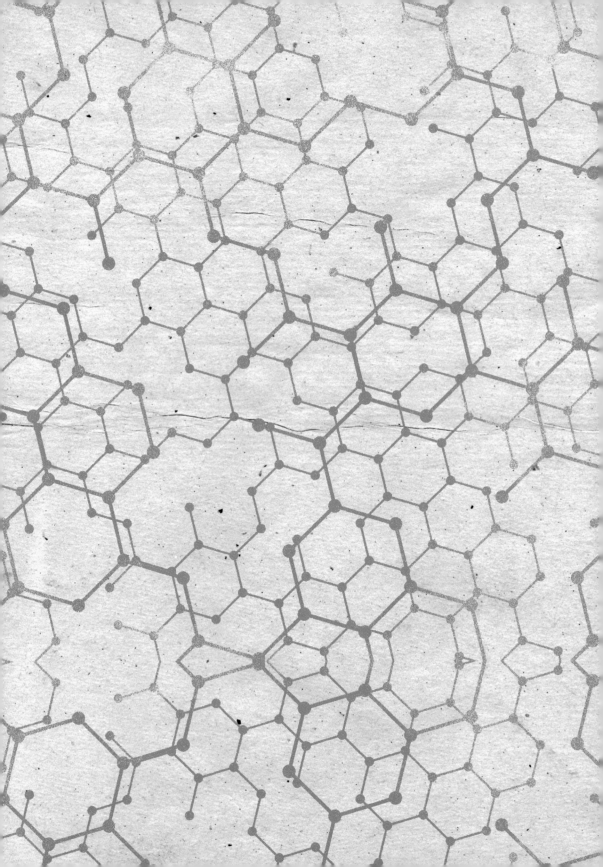

目錄

「看到蘋果從樹上掉下來的人不計其數，
但只有牛頓問了為什麼。」
── 金融家 伯納德‧巴魯克

1 雪人消失了

　　這個秋天，小艾和伊-莎貝爾參加了同一個足球隊，因此她們發起了「賽前留宿」遊戲。遊戲規則就是在週六早上比賽的前一晚，到其中一人家裡過夜。即使足球賽季已經結束，但是每週的留宿遊戲仍然持續進行中，畢竟，沒有理由停止這麼有趣的傳統啊！

　　週六一大早醒來，今年冬天的第一場雪已經趁著半夜覆蓋了整個院子，兩個女孩好開心。她們在外面玩了好久，決定要堆一個雪人。但是很不幸的，接近中午的時候，天氣開始變暖和，陽光使積雪迅速融化。她們本來想把雪人堆得和小艾爸爸一樣高，結果現在連小艾家的狗「貝特」都比雪人還高。

　　小艾遞了一條圍巾給伊-莎貝爾說：「你可以再幫雪人裝飾一下，還是我們應該要稱它為『雪童』呢？」

她們往後站了幾步，欣賞著那尊雪人小童。小艾突然發現小童腳邊竟然有一灘小水窪。「喔，不！它正在融化！」

「我不懂，」伊莎貝爾抱怨：「怎麼前一分鐘還在下雪，之後卻馬上出太陽，一下子就變得這麼暖？」

「一定是受到全球暖化的影響。不過『全球暖化』到底是什麼意思啊？」小艾困惑的說著。

「不曉得，可能和地球的溫度有關係？可憐的小雪人，它本來可以看起來更好的。」

「小艾、伊莎貝爾，吃午餐囉！」小艾媽媽在門口叫喊。「我爸媽說要烤披薩，」小艾告訴伊莎貝爾：「他們都會把配料擺成有趣的樣子。要不要先吃飽，再回來關心我們的小雪人？」

「這個提議不錯。」

兩人跑進屋裡，飢腸轆轆的盯著披薩。麵皮上被裝飾成地球的模樣，海洋的部分是白色起司，陸地則是用菠菜圍出形狀。

「覺得怎麼樣？」小艾爸爸問她們。

「該不會是和地球暖化有關的雙關語笑話吧？」小艾問。「那真的還滿有趣的，因為我們剛剛正好講到這個。」

「我的女兒終於覺得我的雙關語笑話好笑了嗎？不過這其實是和地殼有關的雙關語，地殼的英文『crust』也有麵皮的意思。」

「嗯，我懂了。還滿好笑的……」伊莎貝爾禮貌的回應，一旁的小艾翻了個白眼。

「你們為什麼要討論地球暖化？」小艾媽媽問。「因為雪人融化得太快了。昨晚明明還在下雪，現在卻出大太陽，還變得那麼溫暖。」小艾說。

「這就是地球暖化的影響嗎？」伊莎貝爾一邊問，一邊跟著小艾脫下外套。

「不完全是，而且現在通常用『氣候變遷』來描述比較精確。」小艾媽媽耐心的說明：「『氣候』不像『天氣』，每天、甚至每小時都會變化。氣候是指長時間的平均天氣狀態。當人們說氣候改變，意思是地球上發生長期的天氣變化。包括降雨量和特定地區的平均氣溫。」

「氣溫稍微改變真的會有影響嗎？」小艾好奇。媽媽點點頭對她說：「當然有。即使只是升高一、兩度，也都會造成巨大差別。就像你們今天看到的，氣溫上升會使雪人融化。同樣的情況，也正發生在南北極的冰帽。」

「冰帽開始融化會有什麼後果？」伊莎貝爾也開始好奇了。「冰帽的冰融化後會流入海洋，海平面就會上升。」小艾爸爸將食指和大拇指捏起來，說：「就算海平面只上升一點點，也會影響世界各地的海岸線。地勢低窪的島嶼和一些沿海城市很可能會被淹沒。現在已經有一些地區遭殃了。」

當大家都在餐桌邊就定位後，小艾媽媽繼續說：「海洋溫度上升，也可能危害周遭動植物的生命，大大衝擊海洋的食物鏈。平均溫度升高，也會影響雨量。有的地區會變得潮溼，有的則越來越乾燥。野火發生的機率將大幅提高，而龍捲風的威力也會增強，因為它們都是從溫暖的熱帶海洋獲得熱能。」小艾媽媽想了想繼續說：「此外，可能會有更

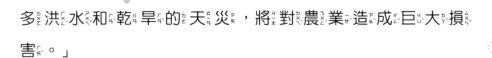

多洪水和乾旱的天災，將對農業造成巨大損害。」

「太嚇人了！怎麼會這樣？」伊-莎貝爾好驚訝。小艾媽媽回答：「科學家檢視了歷史數據。他們發現自從工廠和汽車出現，造成空氣汙染，地球的平均溫度開始節節上升。」

「為什麼？」伊-莎貝爾還是不懂。

「這種現象被稱為『溫室效應』。你知道溫室是如何運作的嗎？」

伊-莎貝爾點點頭回答：「我們學校裡有一間小溫室，那裡的窗戶讓更多陽光照射進來並保存熱能，植物因此長得非常好。」

「沒錯，」小艾媽媽接著解釋：「但是，大氣層裡過多的二氧化碳正在對地球產生相同效果。包覆地球的大氣層本來就會自然而然的留住熱能，原本這是好事，但當我們燃燒化石燃料，就會釋放二氧化碳和其他氣體，導致大氣層保留過多的熱能。」

「我曾聽過『碳足跡』的說法，這和溫室效應有關係嗎？」伊-莎貝爾問。

「當然有！你的碳足跡就是你在溫室效

應中的貢獻度。舉例來說，回想一下你平時都怎麼去上學？騎腳踏車或走路上學的人，他們的碳足跡就會比家人開車接送的人來得少。」

「要怎樣才能降低自己的碳足跡呢？」小艾很想知道。「可以搭公車來取代爸媽接送！」伊莎貝爾提議。「一輛巴士可以載四十個小孩，碳足跡也許會比四十輛轎車各載一個小孩來得少。」

「說得很棒！」小艾媽媽稱讚。「然而，化石燃料並不只用在汽車上，也會用來製造日常物品。」

「雖然我之前從沒特別想過，不過二手足球比起新球，對環境更友善，而且一樣好踢。」小艾說。

伊莎貝爾想到：「也許我們可以在學校成立社團，教其他小孩了解碳足跡的知識。」

小艾看向裝水果的碗，注意到奇異果上貼著「產於紐西蘭」的貼紙。「或是教更簡單的觀念，像是飄洋過海的奇異果對環境的影

響。」她指著碗裡的水果說：「這顆奇異果越過半個地球，從紐西蘭來到美國緬因州，光是船和卡車的運送就要用掉很多汽油！」伊莎貝爾接著說：「也許我們可以建議學校餐廳改買本地生產的蘋果，減少購買從遠方運來的水果。」

「你們兩個說的都很對。購買本地或附近地區的產物是很好的開始，也可以幫助當地經濟發展。我們還可以自己種樹，這有助於吸收空氣的中汙染物，還有……」這時小艾指了指披薩說：「還有千萬不要浪費美味的食物，因為這些材料都是耗費許多能源，才從農場送到我們面前！」

「更別提用烤箱烘烤需要用掉多少能源！」小艾爸爸邊說邊把披薩分給每個人。

小艾大大咬了一口披薩，露出燦爛的笑容。「好吃！這片地球的溫度剛剛好！」

那天稍晚，小艾幫廚房裡的食物列了一

張表。她檢視每一樣物品上的標籤，確認它們的生產地，並研究這些食物從各自的產地到她家經過多長的距離。她看到媽媽貼在冰箱上的食材採購清單，她在清單加了一些可以用當地產品取代的建議。

接著，她查找其他可以減低自己碳足跡的方法。她覺得很驚訝，自己以前從來沒想過沖馬桶也會用到能源——要先把水牽引到家中，再運走排泄物並處理成廢水。另外像沖澡用的水也需要加熱，最後同樣得運走並處理。

小艾發現，下面每一項行動都會在她的碳足跡上增加一公斤的二氧化碳：

- 搭乘火車或公車旅行 1.2 公里
- 搭省油車輛移動 6 公里
- 搭飛機移動 2.2 公里
- 持續使用電腦 32 小時
- 吃 1/3 個起司漢堡
- 丟棄 5 個塑膠袋
- 丟棄 2 個塑膠瓶

調查結束後，小艾已經收集到許多想法，可以減少自己對地球造成的環境影響。

食物里程

我家的食物	產地	來我家的大約距離
奇異果	紐西蘭	15,000公里
盒裝起司通心麵	柏克萊，美國加利福尼亞州	5,150公里
小柑橘	德拉諾，美國加利福尼亞州	5,070公里
茶葉	英國	4,990公里
咖啡	哥倫比亞	4,385公里
香蕉	宏都拉斯	3,700公里
墨西哥玉米片	歐文，美國德克薩斯州	3,060公里
柳橙汁	布雷登頓，美國佛羅里達州	2,415公里
早餐麥片	明尼亞波利斯，美國明尼蘇達州	2,415公里
起司棒	綠灣，美國威斯康辛州	2,090公里
熱巧克力	芝加哥，美國伊利諾伊州	1,770公里
墨西哥莎莎醬	西港，美國康乃狄克州	440公里
楓糖漿	韋伯斯特維爾，美國佛蒙特州	386公里
洋芋片	海恩尼斯，美國麻薩諸塞州	315公里
蘋果	特納，美國緬因州	48公里
牛奶	波特蘭，美國緬因州	29公里

早餐俱樂部

啟動綠生活，減少碳足跡

我學到的事	我們可以做的事！
一部新的割草機製造的空氣汙染和11輛汽車製造的分量一樣。	用無引擎的手動式割草機（我還看過附在腳踏車上的機型）。 
	在自己家院子裡多闢一些菜園。（這樣就可以少割點草，少買一些從遠地運來的食物。） 
一般家庭中，很大部分的能源都用在暖氣與冷卻設備。	冬天時把恆溫空調的溫度調低，或是人在房間時，改用小型電暖器，也可以圍一條溫暖的圍巾禦寒。 
	夏天太陽最大的時候，拉上家中的窗簾。 
我們不在房間的時候，電燈會持續耗電，電子產品在待機時也會消耗能源。大多數透過電源線傳輸的電力都是靠燃燒化石燃料而產生的。	離開房間要隨手關燈。 拔掉有「耗電吸血鬼」之稱的電子產品插頭。例如智慧型手機的充電器，還有遊戲主機，即使沒有在使用時它們也會消耗電力。  

大約3%到4%的能源消耗量都用在移動、清潔和處理家庭用水和廢水，這還不包括用來加熱我洗澡用水的能源。每個人每日平均用水量是333公升。	洗澡時，用澆花器將等水加熱那段時間的冷水裝起來。 安裝節省水流的蓮蓬頭。  刷牙或洗碗的時候，不要開著水一直不關。 需要洗很多髒碗盤和髒衣服的時候，才使用洗碗機和洗衣機。不要只有一兩件就用機器洗。 用雨水桶收集簷溝的雨水，可以拿去菜園澆水。
一個玻璃瓶需要花100萬年才能在垃圾掩埋場中被分解。	與其購買瓶裝或罐裝飲品，不如自製喜愛口味的飲料。 盡量落實回收、利用廚餘製作堆肥。為全家設定目標，每週只能使用一個垃圾袋。
我們平均每人每天會用掉一根半的一次性使用塑膠吸管。	向學校要求，發盒裝牛奶時不要再附吸管了。 去餐廳有點飲料時，要求不要給吸管。 不用吸管，謝謝。
垃圾掩埋場中大約有13%的垃圾都是塑膠廢棄物。	用環保水瓶裝飲用水，取代一次性的塑膠瓶裝水。 用環保便當盒裝午餐可以避免製造用餐垃圾。

我的科學新詞

大氣層

圍繞在地球周圍的氣體。
其中分層是這樣的：

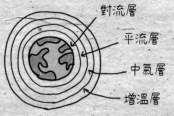

對流層
平流層
中氣層
增溫層

＊大氣層沒有這麼
厚，這是為了表示
分層才這樣畫。

碳足跡

我們因燃燒化石燃料而造
成的影響。搭車、洗澡、
割草、開燈、看電視、煮
飯、在室內開暖氣，這些
都需要使用電力，並且會
製造溫室氣體。

我們用化石燃料來製
造汽車，以及汽車用
來動力的汽油。車體
越大使用的化石燃料
也越多！

腳踏車也是化
石燃料做的，
而你的力氣就
是它的動能！

氣候

全球或某地區長期的平均
天氣狀態。

氣候變遷

我們用來稱呼因燃燒化石燃料而
造成的長期環境改變。這個現象
會增加二氧化碳以及其他溫室氣
體，並排放至地球的大氣層中。
氣候變遷包括地球暖化；海平面
上升；格陵蘭、南極洲、北極圈
與山岳冰河的冰融；花期改變；
極端天氣事件等。

化石燃料

指的是像石油、煤、天然氣等由生物屍體在地底經過上百萬年的時間，分解而成的物質。化石燃料燃燒時，會釋放二氧化碳到大氣層中。在家庭裡使用1公斤瓦斯，大約會排放3.19公斤的二氧化碳。

燃料種類	二氧化碳排放量
1公升的汽油	2.3 公斤
1公升的柴油	2.7 公斤
1公升的取暖用油	3.0 公斤

全球暖化

自從工業革命後，全球平均氣溫因化石燃料排放物而逐漸升高的趨向。

我發燒了！

溫室效應

二氧化碳、甲烷和其他氣體就像溫室的玻璃屋頂，使熱能滯留在大氣層中，無法快速的輻射傳遞至太空。溫室效應若變嚴重，就會使得地球的平均溫度隨著時間越變越高。

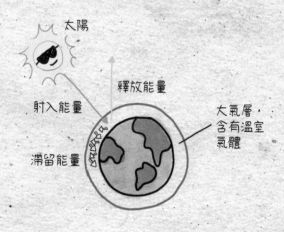

太陽

釋放能量

射入能量

滯留能量

大氣層，含有溫室氣體

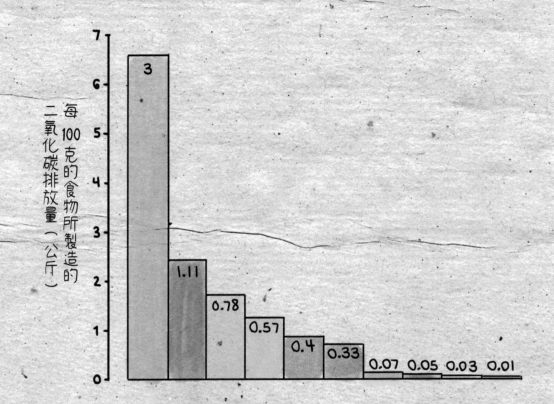

二氧化碳排放量（公斤）
每100克的食物所製造的

■ 牛肉	■ 牛奶
■ 起司	■ 米飯
■ 豬肉	■ 豆類
■ 家禽肉	■ 胡蘿蔔
■ 蛋	■ 馬鈴薯

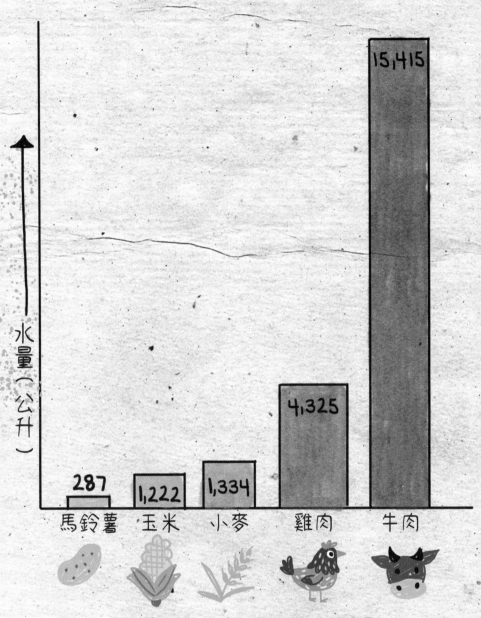

水量（公升）

287	1,222	1,334	4,325	15,415
馬鈴薯	玉米	小麥	雞肉	牛肉

生產1公斤食物所需的水量

我還想
知道的事：

- 很久以前還沒有高速公路和超市的時候，人們是怎麼取得食物的呢？他們冬天都吃什麼？

- 如果我吃的食物是當地生產的，我的碳足跡會降低多少呢？

- 我還可以做什麼來降低我的碳足跡？

2
氣球為什麼會飄起來？

今天是小艾十一歲生日派對，小艾向最後一批要離開的客人揮手道別，接著走進廚房。

「真是場愉快的生日派對。」小艾爸爸邊說邊把包裝紙從地板上撿起來。

小艾則是跪趴在地上，伸手去勾桌子底下的包裝紙。「我喜歡那個裝飾成足球的蛋糕，」她說：「還滿酷的。」

「我們就是想要這種效果。」小艾爸爸說。「那你覺得自己有長大一些、變聰明一點嗎？十一歲是個很棒的年紀，對吧？」

「應該是吧，我以為我會覺得……呃……說不上來，我想應該就是和平常一樣吧。」

「你說，你以為自己會覺得怎麼樣？」

「比較聰明……吧。」

「你很聰明啊，這位同學。」

「有時候我自己也這樣認為。」小艾坐到一張後面綁了氦氣氣球的椅子上。「像是我知道絕對不可以在戶外放飛氦氣氣球。氣球會對動物造成傷害。」

「還有碰到電線會爆炸！你今年學了很多和環境有關的知識呢。」爸爸讚嘆的說。

小艾把氣球拉下來，然後又看著它飄回空中。「可是我還有很多不懂的，像是，為什麼氣球會飄起來呢？」

「你真的想知道為什麼嗎？」爸爸問。

小艾媽媽剛好走進廚房。「這場生日派對真棒！我很高興你邀請了喬許。」

「媽媽，你先等一下，我正在變聰明。」

「也許你可以自己來回答這個問題啊。」爸爸提議。「我們怎麼稱呼這種氣球？」

「氦氣氣球。」

「為什麼我們要叫它氦氣氣球？」

「因為裡面裝的是氦氣。他們幫氣球充氣的桶子裡裝的就是氦氣，對吧？」

「對。那氦氣氣球和一般的氣球有什麼

差別呢？」

「這個問題簡單。差別就是我們吹普通氣球的時候，灌進去的是我們呼出來的空氣。可是我還是不懂，是什麼東西讓氦氣氣球能飛起來呢？」

「關於這個嘛，你知道氦氣比空氣還要輕嗎？」

「等等，怎麼可能有東西比空氣還輕？空氣根本沒有重量。」

「空氣有重量喔，每種物質都有質量。」

小艾皺起眉頭。

「所有東西裡都有原子，」爸爸開始解釋：「因此所有東西都會占據空間，也會有重量。不同原子的重量不同，每種原子……」

「老爸，我才滿十一歲，不是三十歲。麻煩你用小孩聽得懂的話好嗎？院子怎麼了？」

「不是院子，是『原子』。原子非常非常非常小，小到你永遠不可能單憑肉眼看見，甚至連一般的顯微鏡也看不到。所有東西都是由原子構成的。」

「和細胞一樣嗎？」

「比細胞小太多太多了。只有生物才有細胞，但是萬物都有原子，包括活的生物、死掉的生物，還有那些永遠都不會有生命的東西，例如石頭、金屬、氣體，你想得到的都算。這張桌子也是由原子構成的，水也是，你也是。」

「那細胞也是由原子構成的嗎？」

「沒錯，萬物都是由原子構成的。」

「了解，那原子的重量又和氦氣比空氣輕有什麼關係？」

「這個嘛，空氣主要是由氮氣和氧氣組成的混合物。」

「我以為空氣就是空氣。」

「不完全是！所有事物，包括空氣都是由各種元素組成的。」

「你講慢一點！所以，所有事物都是由元素和原子構成的嗎？」

「元素只是不同類型原子的名稱，每種元素都有自己的原子量，代表那種元素中的單一原子有多重。氦元素中單一原子的重量非常輕。」

「可是空氣一定也很輕吧，因為那是……空氣啊。」

「你說得也沒錯，主要組成空氣的氮和氧都非常輕。但是氦的原子質量比氮和氧還要輕。」

「氦是最輕的元素嗎？」

「是倒數第二輕的，氫才是最輕的。」

「那氫都在哪裡？」

「幾乎到處都有氫喔。你聽過H_2O嗎？」

「聽過，就是水比較科學的稱法。」

「沒錯。會叫H_2O是因為一個水分子是由兩個氫原子和一個氧原子鏈結而成。當原子鏈結在一起，就會形成分子。代表氫的符號是H，代表氧的符號是O，兩個H加上一個O就等於一個水分子。」

「實在是太多東西要學了。好吧，讓我想一想，該如何把這些變成我能理解的東西。」小艾開始努力思考。「現在我們假裝這個黑色蛋糕糖霜是一個元素，我叫它『巧克素』，還有這個白色糖霜，是另外一個元素，叫做『香草素』。巧克素的原子比香草素的

原子重，也就是巧克素的原子質量比較高。如果我各取一個糖霜元素，把它們結合在一起，就會得到一個分子。」

「沒錯，而且聽起來還滿好吃的。」爸爸從蛋糕上分別沾了一些黑色和白色糖霜，然後和在一起一口吃掉。

小艾把氣球拉下來，再看著它飛回去，腦袋裡思考著還有什麼東西可以飄起來。

「我開始有點懂了。不過，船是怎麼浮在水上的呢？有些船是金屬製的，金屬的原子一定比水還要重吧，我記得你說水是由氫和氧組成的。」

「這個問題的答案也是氣球能飄在空中的重要關鍵。你等一下，我馬上回來。」

爸爸往地下室跑去。小艾跟媽媽聽到他在樓下一陣翻箱倒櫃的聲音。小艾翻了個白眼，媽媽則是露出微笑，好像她已經知道自己老公想要做什麼。

爸爸手裡拿著一個水桶和用軟木塞塞住的空瓶子回到樓上。他扭開廚房水龍頭，將水桶裝滿水、放到地上，接著把玻璃瓶放

進水桶裡，一臉得意的往後站了幾步，興奮的大喊：「快看！」

小艾一副不感興趣的樣子。「瓶子浮起來了。這有什麼了不起的嗎？」

「玻璃瓶的原子比水的原子還要重，但是瓶子還是浮起來了。」小艾爸爸開始解釋：「關鍵就是瓶子裡的空氣。讓我們從頭開始觀察，將瓶子放進水裡時，瓶子會持續下沉，直到它排開跟瓶子一樣重的水量為止。一旦到達這個置換點，表示瓶子的重量可以受到水中浮力支撐。瓶子就會浮起來。」

小艾再次皺起眉頭。「老爸，你老是忘記我只有十一歲。『置換』是什麼意思？」

「我可以幫忙解釋這部分，」媽媽接著說：「置換就是取代某樣東西。瓶子能浮起來，就是因為它取代掉一部分的水。我們可以看到，有很大一部分的瓶子還留在水面上。」

「所以如果在瓶中加水，讓它變重，那瓶子就要置換更多水，才能浮起來嗎？」小艾問。

「很不錯的想法！來試試看到底會怎麼樣吧。」爸爸說。

他們往瓶子裡加了一點水，瓶子仍然浮在水上，但是沉到水面下的部分變多了，置換掉了更多水。小艾把瓶子裡的水裝到半滿，現在瓶子置換掉的水更多了，只剩瓶口露出水面。

接著，小艾把瓶子完全裝滿水，用軟木塞封好。「我想我們都知道接下來會發生什麼事。」她笑著把瓶子放進水桶裡。毫無疑問，瓶子立刻往下沉，碰到水桶底部時還發出了敲擊聲。

「再回來討論氣球的謎題，」小艾爸爸把氣球從天花板拉下來，再讓它升回去。「那顆氣球是鋁箔做的，比空氣還重。為什麼氣球還是能飄在空中呢？」

小艾回想剛才的瓶子。「因為氣球裡裝滿氦氣……我來試試看比較科學的說法，現在氣球雖然很大，但其實很輕，置換掉的空氣可以支撐氣球……甚至比氣球重量還多，所以氣球才會往上升！」

　　小艾的爸媽露出微笑，正想開口，小艾卻繼續說：「你們等一下，我還沒說完……」她拉了拉氣球，想像接下來幾天氣球會怎麼變化。它會漸漸流失氦氣，最終落到地上。「這就是為什麼氣球扁掉就會掉到地上的原因。當氣球越變越小，置換不了夠多的空氣支撐它的重量，就無法再飄起來了。」她說。

　　「真是讓人佩服啊！十一歲對你來說一定會是很棒的一年。」爸爸稱讚她。

　　小艾抬頭看著那些彩色的氣球。「我也是這麼覺得。」

　　小艾決定利用這些氣球來做一個研究。她想試試看能不能幫氣球增加一些重量，讓它不會一直向上升，可以停在她想要的任何高度，卻又不會落到地上。小艾爸爸說，這個就是達到「中性浮力」。

我的中性浮力實驗

我的疑問：我可以讓一顆氣球達成中性浮力嗎？

資料蒐集：要達到中性浮力，必須使進行置換的物體（要浮起的東西）重量剛好等於被置換物（提供支撐、被排開的東西）的重量。

實驗方法：我一開始是把氣球的緞帶綁到一個紙杯上，但是紙杯太重了。我把紙杯裁小，卻又變得太輕。接著我試著在紙杯裡加入不同的素材，然後發現棉花球最好用，因為很輕，又容易弄成小團。老爸說這看起來很像熱氣球，他還畫了一個小傢伙讓我放在杯子裡當乘客。氣球達成中性浮力點了，現在差不多在我眼睛的高度，稍微推一下就會前進一點，不會一直往上飄，超酷的。

我的科學新詞

元素

非常純粹的物質，已經沒辦法再分解成其他東西。我聽過的元素有：

氫
符號=H
原子量=1

氦
符號=He
原子量=4

氧
符號=O
原子量=16

金
符號=Au
原子量=197

鉛
符號=Pb
原子量=207

原子

元素裡非常非常小的單位。

 ← 一只金戒指裡有超過 60,000,000,000,000,000,000,0001個原子！

分子

當原子鏈結在一起就成了分子。

一個水分子 = H₂O
↑
2個氫原子 + 1個氧原子

放大非常多倍的水分子圖像。

我還想知道的事：

- 超大艘的郵輪是怎麼浮在水上的呢？（我爸跟我說可以去學一下阿基米德原理，他說就是某個古希臘人在洗澡時研究科學的傳說故事。這是一心多用的意思嗎？）

- 其他星球上的元素和地球上的一樣嗎？

- 元素週期表要怎麼用啊？

　　上床睡覺前，小艾拉開窗簾，她想看看雪在晚上落下的樣子。在路燈光暈的映照下，雪看起來落得又重又急。她期待雪會這樣持續下一整夜，結果真的如她所願！早上她很開心的得知學校今天停課，更棒的是，伊莎貝爾和喬許今天會來和她一起玩！

　　一整個上午，這幾個孩子在雪地裡蓋城堡、丟雪球。玩了好一陣子之後，他們一起走回屋子享用已經準備好的午餐。「吃完飯後你們想做什麼？」小艾問她的夥伴們。「要再去外面玩，還是來看電影？」

　　小艾爸爸把一盤碳烤起司三明治放到他們面前的桌上。「我在想，大家要不要來玩一場紙飛機大賽？」他一臉期待的說。「聽起來很有趣！」喬許說。「當然好！」伊莎貝爾也附和。

　　小艾爸爸聽了，立刻飛也似的不知道跑哪去。而正當孩子們掃光三明治時，他捧著滿手的紙回來了，各種材質和厚度都有。

「你們想要直接開始做，還是我先教你們一些小技巧？」他問。三個孩子都看得出來，他非常迫不及待的想教他們一些技巧。

「我需要一些小技巧，謝謝。」伊莎貝爾回答。「我對紙飛機完全不了解，只知道我的飛機永遠都飛不起來。」

「你們先摺給我看看。」小艾爸爸要求。

他們三人各自摺了一架紙飛機，然後試飛了一下。沒有一架能飛得遠，尤其是伊莎貝爾的，直直墜落在她面前。

「看吧，我真的完全不會。」伊莎貝爾很沮喪。「別擔心。做紙飛機最重要的，就是它的『高』水準是要飛得又高又遠，不是指難度很高。」小艾爸爸笑著對眼前的觀眾說。小艾對爸爸搖頭：「老爸，一般人不會說這種雙關語笑話啦。」

「哎呀，看來你們沒發現這笑話的引力。不是吸引力喔，是引力。」小艾爸爸又加了一句，然後被自己的幽默感逗得好開心。

「老爸！」小艾壓低聲音，很小聲的抱怨：「你這樣害我很尷尬！」

「好啦，我會嚴肅一點。我們來聊聊什麼叫做空氣動力與流線型。」

「這也是笑話嗎？」喬許問。小艾爸爸笑著搖搖頭說：「這次不是啦！空氣動力就是指紙飛機飛行時，在空氣中產生力的狀況。而流線型的飛機造型，能幫助飛機抵抗地球的重力，而在空中停留。伊莎貝爾，我記得你很了解重力，請幫忙喚起大家對重力的記憶。」

「呃，我的飛機很快就墜機了，原因就是重力。」伊莎貝爾笑了一下。「那是一種力量，能把所有東西都往地球的方向拉。」

「沒錯，」小艾爸爸接著說：「所以我們要幫飛機精心設計一對機翼，幫忙提供它上升的力，也就是升力，對抗下拉的重力。」他快速摺了一架伸展著大大機翼的紙飛機。

「所以機翼越大越好嗎？」伊莎貝爾問。「某種程度上是這樣沒錯。但如果機翼太大，反而會產生過多阻力，而阻力會使你的飛機慢下來。」小艾爸爸回答。三個孩子全都一臉困惑。「請解釋阻力，謝謝。」小艾要求。

「我非常樂意！」小艾爸爸開心的說明：「空氣是由許多分子組成，而任何物體要在空氣中移動，都必須持續的把分子往旁邊推開才行。簡單來說，空氣會抵抗任何要穿越它的物體，產生阻力，而且物體的體積越大，就必須克服更多阻力才能持續移動。」

「嗯……老爸，學校今天停課耶。」小艾咕噥的說。「小艾，你要加油，當個『助力』啊！」喬許向小艾爸爸露出一個超級大笑臉。「『助力』，你懂我的意思吧？」

「說得好！喬許。」小艾爸爸和他互相擊掌，接著繼續說：「我們來思考一下，走進強風裡是不是會變得很難走？為什麼會這樣呢？其實，空氣中原本就有超過數萬兆個分子同時擠壓你。現在想像一下，你可以跑得非常非常快，但唯一的問題就是你跑得越快，被你推開的空氣抵抗力就越大，即使沒有風，也會遇到同樣情況，並且在阻力大到一定程度後，你就再也無法前進了。」

「等等，如果我們不能把機翼做得太大，那升力從哪裡來？」伊莎貝爾一臉困惑。

「可以裝個風扇讓飛機持續飛在空中嗎？」

「不行喔，這樣就變成作弊了。產生升力要靠精良的設計，不能全靠推力幫忙。機翼越大，提供的升力越多，但是同時也會產生越多阻力。精良的設計則能夠提供較多升力，產生較少阻力。這說起來簡單，真的要做到卻不容易。所以這時候就需要研究空氣動力學，找出最棒的設計，想辦法在最小阻力和推力下，獲得最大的升力與速度。」

「停！」小艾大喊。「老爸，推力是什麼？」

「推力就是讓飛機前進的動力。真正的飛機是由引擎提供推力，你們的飛機則是依靠你們發射時使用的力量。」

「那是最好玩的部分。」喬許躍躍欲試。

「摺飛機的部分也很有趣喔。這些紙張各有不同的重量與大小，你們試的時候，記得要思考一下阻力和升力。」

「那我們可以開始了嗎？」喬許說著，伸手就要拿起一張最輕薄的紙。

「先等等。抱歉啊，小艾，我一定要說這句電影名言——『願原力與你們同在。』」

小艾三人無視那些接二連三的冷笑話，他們開始摺飛機，然後一一試飛。

桌子中央堆滿了失敗品，他們從各種錯誤設計中學習改進，同時從中體會空氣動力。接近尾聲時，他們各自的飛機已經脫胎換骨，看起來和一開始的完全不同。喬許的飛機迷你又輕巧，小艾的飛機有一對大機翼，而伊莎貝爾則是把機頭做得又尖又長。

「來吧，這個是起飛線。」小艾爸爸將量尺放在地上。「在你們發射之前，先講解一下自己設計時的考量和用意吧。」

「我先說。」喬許自告奮勇。「我把飛機盡量做得很輕，希望減少重力的影響。」喬許把手放下，接著快速的把飛機射出去，飛了大約有半個廚房的距離，大家為他鼓掌。

「很棒的想法。下一個是誰？伊莎貝爾？」

「好，換我。我想要把飛機做成流什麼的樣子……那個字怎麼說？嗯，流線型？」

「對，我想要流線型的設計，所以把前

端做得非常尖，應該能讓飛機劃破空氣。我選的紙滿輕的，但又不會太輕。」

「為什麼不想用太輕的紙呢？」小艾爸爸提問。「我試過面紙，但是飛機並沒有像我希望的那樣往前衝。而我想太厚的紙又會產生太多阻力，所以中等重量的紙看起來是最好用的。」伊莎貝爾抬起手把飛機往前丟時，看起來有點緊張。不過她的飛機飛得又直又快，直接撞上廚房最遠的那道牆。她跑過去把飛機撿回來，大家都為她歡呼。

「做得太棒了！接下來是最後一位，同時也很重要的，我親愛的女兒，小艾。」

「我決定著重在造型上。我的飛機會在我丟出去的時候變得很酷喔。我想一定是這對大大的機翼讓它撞上太多的空氣，所以它竟然會旋轉！」小艾把飛機高高的往天花板射出去，飛機往下掉時開始快速旋轉，速度快到沒人能看清兩片機翼怎麼轉動。

「它沒辦法飛太遠，但表現實在是很絕妙。」小艾爸爸稱讚。「小艾，再射一次，這實在是太酷了！」喬許要求。小艾撿起她的

飛機，更用力的射向天花板，結果飛機轉得更快了。「我們可以再做一架嗎？」小艾問。

「當然可以。你們各自再搞一架飛機吧。哈，『搞飛機』就是惹麻煩的意思！」

小艾翻了個白眼，笑著對自己爸爸說：「老爸，你再開這種玩笑，才是真的搞什麼飛機啦。」

他們三個各自探索一番後，小艾爸爸最後又摺了一架飛機給他們看，還說這種設計曾飛出 69.14 公尺的世界紀錄。他們輪流試射那架紙飛機，結果因為太能飛了，還得跑去戶外才能確實的進行試飛。雖然他們試飛距離都遠比不上世界紀錄，但已足夠讓他們印象深刻了。

小艾在她的科學筆記裡寫下如何摺這架世界紀錄飛機，並為每個步驟畫了說明圖。她還畫了自己跟兩位好朋友設計的紙飛機。她對自己原創的設計非常自豪。

如何摺出全世界最厲害的 紙飛機

1. 拿一張長方形的紙，把紙的短邊靠近
自己這側擺放，接著把右上角摺下
來，對齊紙的左側邊緣。

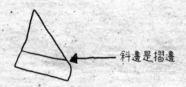

斜邊是摺邊

2. 按壓出一條明顯的摺痕後，把紙攤平
開來。

3. 同步驟1，這次換把左上角對準右側
邊往下摺。

4. 按壓出一條明顯的摺痕，把紙攤平。

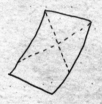

5. 把右上角摺下來，邊界對齊在步驟
2摺出的那條線。

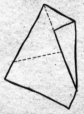

6. 按壓出一條清晰的摺痕，再把紙攤平
開來。

7. 把左上角摺下來，邊界對齊在步驟4摺出的那條線。

8. 按壓出一條清晰的摺線，但是這次不要把紙攤平。

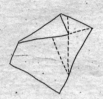

9. 沿著在步驟6摺出來的線，把右上角往下摺，這次也不要攤平。（這會有一點蓋到在步驟8摺下來的部分。）

10. 把紙平放在桌上，把比較窄的那端朝上。我們把比較窄的那一端叫做「A點」，把兩個摺片互相交疊的那個點稱為「B點」。

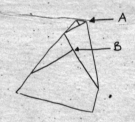

11. 把 A 點朝自己的方向水平的摺下來，摺線要剛好壓在 B 點上，左右兩側的摺點位置必須一樣高。摺好後不要攤平。

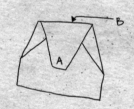

12. 把目前的右上角沿著在步驟9摺出的摺邊往下摺，右上角的點要剛好落在距離左右兩側的正中間。把圖中的摺邊 C 確實壓好，這次也不要攤平。

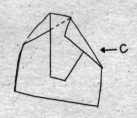

13. 重複步驟 12 的方法，把左上角沿著步驟 8 的摺邊往下摺；把摺邊 D 壓好。

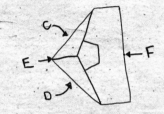

14. 把整張紙翻面，沿著 E 點和 F 點的連線對摺，讓紙的兩側朝上對齊，互相疊在一起。這裡將會變成機翼。

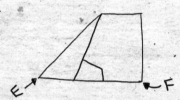

15. 用一隻手指頭壓在飛機前側的尖端把它固定住。再把上方的機翼往下摺，讓後緣剛好對齊 F 點。

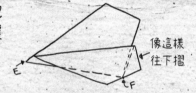

像這樣往下摺

16. 用同樣的方法摺好另一邊的機翼，確保兩側機翼大小相同。

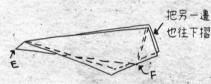

把另一邊也往下摺

17. 握住靠近前端的地方……

18. 讓它飛上天空吧！每次飛行都可微調機翼的角度，直到達到最理想的飛行狀態。

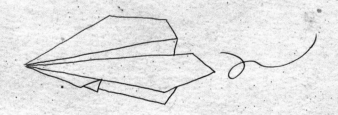

我們的紙飛機設計

喬許的紙飛機

用面紙做的

伊莎貝爾的
紙飛機

超級尖的飛機前端

我的紙飛機

沒辦法飛得很好，
但是看起來很酷！

我的科學新詞

空氣動力

物體在空中移動時，空氣作用力的狀態。研究空氣動力，就能幫飛機設計出良好的外型，降低阻力並提高升力，幫飛機順利穿越空氣。

阻力

物體在水或空氣這類流體中移動時，會受到的抵抗力。阻力是由流體分子與物體表面摩擦而產生的。物體的表面面積越大，產生的阻力就越大，在水中產生的阻力大於在空氣中產生的阻力，因為水的密度比較大。

升力

使任何比空氣重的物體能夠持續停留在空中的力量。

推力

驅動或推動物體前進的力量。

我還想
知道的事：

- 如果我用不同材質的紙來摺「世界紀錄紙飛機」會發生什麼事情？哪一種紙的效果會最好呢？

- 真正的飛機是怎麼持續飛在空中的？與船浮在水上的原理有沒有關係？

4
動物的冬季求生術

　　小艾下了校車，往家裡的車道走去。一陣冷風迎面撲來，她一把抓起背包，在前口袋裡翻找家裡鑰匙，但是發現怎麼找也找不到。

　　「拜託，不要跟我說我忘記帶了！」她喃喃自語著，繼續瘋狂的翻找外套口袋。

　　小艾把厚外套的拉鍊一路往上拉到最高，對著雙手呵氣，試圖想讓自己暖和一點，結果從她嘴巴呼出去的空氣立刻凝結，變成一堆白色小雲朵。

　　小艾意識到必須想其他辦法讓自己暖和起來。她可以走去喬許家，這是最簡單的解方。但是，她最後決定用其他方法來解決問題。

　　「很多動物一整個冬天都努力在大自然中求生存，我一定也可以在外面撐二十分鐘等媽媽回家。」小艾嘀咕著，一屁股在大門臺階上坐了下來。

她在臺階上縮成一團，抬頭望著那整棵光禿禿連一片樹葉都沒有的楓樹，又往前看了看前院裡的積雪，又厚又硬，都可以在上面溜冰了。她盯著貝特留在車道上的腳印，還有她家人走路留下的鞋印。她聽著風的呼嘯聲，發現自己除了風聲，其他什麼聲音都沒聽到，連隻鳥的動靜都沒有。她環視空蕩蕩的院子，好奇動物們都跑去哪裡了。

小艾知道有些鳥會往南飛去比較溫暖或食物多的地方避冬，但是其他的動物呢？池塘裡的青蛙去哪了？那些從春天到秋天都在院子裡跑來跑去，把貝特搞瘋的松鼠和花栗鼠去哪了？炎熱夏日裡在花叢間飛來飛去的蜜蜂又去哪了？她看了看自己身上蓬鬆的大外套，那是唯一一件在寒冬裡保護她的東西。如果她都冷成這樣了，那其他動物該怎麼在酷寒中生存？

小艾走向那棵楓樹，試著在上面找出任何生物存在的痕跡。但樹上什麼都沒有，只有一個空鳥巢掛在光禿禿的樹枝間。她仔細聆聽有沒有動物的聲

音，卻只有貝特模糊的叫聲從廚房窗戶傳出來。她又走回家門口，剛好看到媽媽把車停上車道。

「媽，你提早回家啦！」

「你忘了帶這個。」小艾媽媽拎著一把鑰匙說：「所以我就趕回來了，這麼冷的天氣，怕你還等在外面，結果你還真的被困在門外。」她摟住女兒的肩膀。「怎麼不去喬許家呢？為什麼要在戶外等？」

「媽，動物們都去哪了？」

「什麼意思？」

「外面天氣真的很冷，動物要怎麼在冬天活下來呢？」

媽媽打開大門，她們一起走進廚房。

「動物們各自有不同的生存方式，」媽媽向小艾解釋：「有的會在冬天離開這裡，遷徙去其他地方，很多鳥類和蝴蝶都是這樣過冬。」

「就像伊莎貝爾的爺爺和奶奶嗎？他們每年十一月都會離開緬因州，搬去佛羅里達住整個冬天，四月開始變暖的時候才會回

來。」

「他們真是有智慧。」

「那留在這裡的動物要怎麼生存呢？」小艾脫下外套的時候問，然後她坐到廚房餐桌旁。

媽媽在她旁邊坐下來。「有些動物會冬眠呀。」

「我知道熊會冬眠，那其他動物呢？」

「熊不是唯一會冬眠的動物。例如蝙蝠、烏龜、蛇和青蛙也都會喔。」

「青蛙？快告訴我青蛙怎麼冬眠！」小艾想起她秋天時寫給城鎮管委會的那封信，請他們保護瑞亞斯池塘的青蛙。（請參考本系列《秋日篇：葉子為什麼會變色？》）

媽媽對她露出微笑。「蛙類會找完美的藏身處來躲避天敵和最糟糕的天氣，然後進入睡眠狀態直到春天來臨。例如牛蛙會鑽進池塘最底層的淤泥；蟾蜍則是會在溼軟的陸地上挖一個深深的地洞，比冰凍線—— 土層的冰凍交界—— 還深。木蛙和春雨蛙，則會尋找

岩石或木頭的縫隙，或甚至會用落葉來蓋住自己。牠們的身體機能會變得非常遲緩，這樣就可以消耗極少的熱量，靠著預先儲存的脂肪度過整個冬天。」

「身體機能是什麼？」

「像是呼吸和血液流動等。」

「那牠們會結凍嗎？」

「不會完全結凍。牠們的皮膚和表層組織可能會結凍，但是牠們的血液可以抗凍，這樣體內的器官就不會結成冰塊。有的蛙類會停止呼吸，心跳也會停止跳動，不過一旦氣溫上升、開始解凍，牠們就又會活過來！」

小艾思考了一下。「樹有點像青蛙，」她說：「落葉植物的葉子會掉落，整棵樹的狀態都會慢下來，這樣它們就能繼續生存下去。現在外面有一堆半結凍又正在睡覺的動物，想想真是有點詭異。」

「有些動物在寒冬還是會保持清醒，例如蜜蜂，但是你看不到牠們的蹤影。牠們會待在蜂巢裡，靠儲存的蜂蜜過冬。一個蜂巢裡可以容納上千隻蜜蜂，牠們在裡面活動產

生的能量會讓蜂巢內保持溫暖。」

「這真是太奇妙了，冬天對動物來說就像另一個世界一樣。牠們必須做很多不同的事情才能生存下來。但是對我們來說，我們只要穿上大衣和外套就行了。」

「光靠外套是不夠的。我們還需要待在溫暖的房子裡才能生存。如果下次你再忘記帶鑰匙，拜託去喬許家等吧。」

「好啦，我知道了。我只是想知道努力生存是什麼感覺。超冷的！」

「也不是所有的動物都能活過冬天。你聽過『天擇』嗎？」

「聽過啊，這跟適應有關。最能適應環境的植物或動物最有可能存活。在冬天裡也是這樣嗎？那些無法適應的比較容易死掉嗎？」

「通常是這樣沒錯。例如白尾鹿，牠們會在表皮下儲存額外的身體脂肪，用來幫助自己度過缺乏食物的寒冬。適應力最強的動物最有能力在夏秋之際找到很多食物，幫助牠們累積脂肪的儲存量。

動作不夠敏捷或是覓食能力不好的鹿就沒有辦法存下足夠的脂肪。」

「所以你是說，鹿有可能會餓死嗎？」

「動物之間為了爭奪食物，會有非常多競爭，通常最強壯和跑最快的才能活下來。」

「那些弱小動物的處境真的不妙。」小艾一臉哀傷。

「的確是。但這也代表適應力最強的鹿會不斷繁殖。還記得我們講過關於基因的事嗎？強壯、敏捷的父母照理來說，會生出一樣強壯又敏捷的鹿寶寶。」

「是因為這樣才叫做『天擇』嗎？這幾乎就像大自然老天爺在選擇誰能存活，誰不能存活一樣。對那些弱小的動物來說，這真的是糟糕透了。」

「人類也是動物，但我們比生活在外面的動物們幸運很多。」

「我們真的很幸運。我們不只有蓬鬆的大衣和溫暖的房子，我們還有……」小艾對媽媽挑了挑眉毛才接著說：「我們還有熱巧克

力！」

「再加上棉花糖！」媽媽伸手拿了兩個馬克杯，還有一袋棉花糖。她拋了一塊軟綿綿的棉花糖給小艾。

小艾一把接住丟進嘴巴裡。「說得對！待在家裡比外面好太多了。」

幾天後，一場雪剛結束，小艾跟著媽媽一起出門散步。她們發現許多不同動物留下的足跡。媽媽教小艾辨認足跡裡的線索，小艾聽得津津有味，並將那些足跡拍照，嘗試做了一些推論。

回到家，小艾把相片一一列印出來，放進她的科學筆記裡，還為不同足跡寫下說明。

動物的足跡

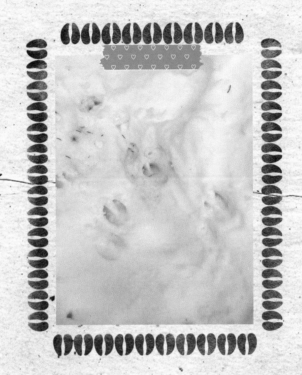

這些一定是鹿的腳印,因為鹿的腳是偶蹄,就是蹄上的趾是偶數。我想這應該是有一隻鹿走到這條小路上,而且還停在這個位置好一陣子。雪地上還有點黃黃的痕跡,我覺得可能是那隻鹿站在這裡尿尿。

我想這應該是一隻兔子從
左向右跑留下的足跡，因
為後腳比前腳大，而牠們
跳躍時，後腳都會落在前
腳的前方。

靠左邊的大腳印是一隻
野生火雞，旁邊比較小
的足跡應該是某種小型
哺乳類動物，也許是松
鼠或浣熊。我猜這些動
物是前後分別經過這
裡，真想知道牠們為什
麼都選這條路走。

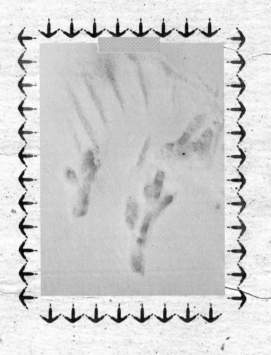

這是我們今天最棒的收穫！我媽超級興奮的！她說這是某種猛禽（也許是貓頭鷹）俯衝下來抓住獵物，也許是田鼠，或是花栗鼠！你可以看到牠的翅膀和爪子在雪地上留下的痕跡！

這裡也有很多動物的腳印，都是我和媽媽的，嘿嘿！

媽媽的靴子

我的靴子

動物冬季求生術

雪兔的毛在冬天會變成白色，
幫助牠們在雪地裡隱身，躲避
掠食者。到了春天，會漸漸變
回灰棕色。

花栗鼠的臉頰具有伸展性，
可以讓牠們在秋天收集額外
的食物。牠們會把果實種子
塞滿兩頰、帶回洞穴。

很多鳥類會遷徙，例如我最喜
歡的北極海鸚，牠們會在春夏
出現在緬因州的幾個島上。

我的科學新詞

生物適應

幫助生物在環境中生存的能力。

聽覺敏銳
夜視能力佳
尖銳的嘴喙
無聲飛行
有力的爪

冬眠

生物的身體狀態變遲緩，進入睡眠狀態。

遷徙

生物改變生活的地點，有時候甚至會換到地球的另一邊！

天擇

最能適應環境的生物會存活下來，其他不能適應的就會死亡。

游最快的活下來！

最後一名抱歉啦！

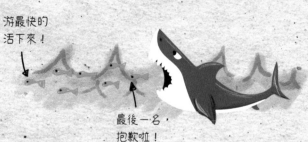

我還想知道的事：

- 動物們遷徙的時候，怎麼知道如何去過冬的地方？又怎麼知道春天時該如何返回？

- 動物們選在春天生寶寶的理由，是因為這樣寶寶在冬天來臨之前，能長得比較大又強壯，比較不需要依靠爸媽，能有更高的機會在酷寒中生存嗎？

5
摩擦力與雪橇

　　小艾、伊莎貝爾和喬許三人在剛下完雪的雪地上，艱難的拖著他們的雪橇往前走。

　　小艾一邊走，一邊注意到剛下的粉雪正被陽光照得閃閃發亮。「我覺得這可能是今年的最後一場雪。」她推測。伊莎貝爾看看地面說：「沒錯，很快就要春天了，這些雪都會消失不見。」

　　「那我們今天一定要好好滑一場！」喬許大喊著，抓起滑雪胎上的繩子就往小山丘上衝去。「你慢一點！我們沒有要比賽！」小艾在他身後喊。

　　「那就來比賽啊！」喬許轉身面向她們。「看誰的雪橇滑得最快！」

　　「聽起來很好玩。」伊莎貝爾邁步追上喬許。「等等我啦！」小艾忙著嚷嚷。

到了山丘頂，陽光反射在白色雪地上，四周感覺更亮了。風吹起來既清新又溫和，不像幾個星期前簡直冷到刺骨。他們三人依身高在山丘頂上站成一列，伊-莎貝爾最高，再來是小艾，最後是喬許。

　　伊-莎貝爾拉著她的長方形塑膠雪橇，小艾的雪橇則是一個大大的圓盤，而喬許的是充氣滑雪胎。

　　「我們數到三就一起滑下去嗎？」伊-莎貝爾問。「等一下，與其單純比賽，不如我們來試一試新玩法。」小艾說。

　　「什麼意思？」喬許沒聽懂。伊-莎貝爾則是笑了。「小艾，我知道你露出那種眼神的意思，你是不是在想昨天的自然課？」

　　「沒錯。」小艾興奮的說：「昨天我們學了能量和摩擦力。那些新鮮又耀眼的粉雪會產生很多摩擦力，減少摩擦力能讓雪橇加快速度。」

　　「摩擦力是像阻力那樣的東西嗎？」喬許不太懂：「讓我們的紙飛機慢下來的

就是阻力，對吧？」伊-莎貝爾回答：「沒錯，你會希望雪橇前進的能量越多越好，摩擦力會使雪橇減速，速度慢下來就代表雪橇沒有辦法滑得太遠。速度要越快才越好玩啊！」

小艾留意到山丘上有一些腳印一直延伸到附近某個地方。她跟著腳印走到底，看見一道雪橇滑下去的痕跡。

「我想到一個計畫，我要跟著這道痕跡滑下去。不管之前是誰在這裡滑雪橇，他都已經把雪壓得很緊實了，這些被壓平的雪產生的摩擦力比較小。摩擦力越小，代表能滑得越快，就像伊-莎貝爾說的，速度越快才越好玩！」

「不然我們每個人都想一個滑行計畫？」喬許問兩個女生的意見。「我要讓我的雪橇助跑一下再開始滑。」

「好主意！這樣能讓你的雪橇一開始就有更多動能向前跑。」伊-莎貝爾說。

「你說什麼能？」喬許沒聽過那個詞。

「任何在移動的東西都有動能，」伊-莎貝爾回答他：「我們很歡迎動能，雪橇一旦

耗盡動能就會停下來。」

「也就是說，我的雪橇能透過助跑得到額外的能量。可是我現在踩在鬆軟的雪地裡，也會讓我有更多摩擦力，這樣可能就互相抵消了。不過我跑得超快，一點也不擔心。」喬許開玩笑的說，還給了小艾一個嚇唬人的眼神。小艾回敬他一個笑臉，然後搖搖頭說：「你想得美。」

「喂，不要跳過我。」伊-莎貝爾沿著山丘頂邊走邊說：「我的計畫就是找最陡的地方滑下去。」伊-莎貝爾找到她想要的位置並坐上雪橇。

「聽起來大家都有計畫了，你們準備好了嗎？」小艾問，其他兩人點點頭表示準備好了。「來看看誰的最有用，預備 —— 開始！」

喬許往後退了幾步，接著抱起他的滑雪胎往前跑。他頭朝前的跳進滑雪胎裡，落下時還反彈了一下。一開始他滑得很快，後來一陣粉雪像煙霧般撲向他的臉，滑雪胎速度開始銳減，最

後艱辛的滑下坡道，還一路把雪鏟平。

伊－莎貝爾的塑膠雪橇一開始也勢如破竹的往前衝，但沒多久就因為鬆軟的雪而慢了下來。她的雪橇把一路上的雪都壓扁或往兩旁推開。

不像其他兩人的雪橇都是一路把雪推擠開，小艾的雪橇沿著那一條已經成形的路線，一路順壓雪地滑下去。小艾盤腿坐在她的圓盤雪橇上，滑行的速度之快，讓她的頭髮都往後飛了起來。她緊緊抓住雪橇的把手，持續加速前進，讓她無法克制的興奮尖叫。

她的雪橇滑得比原先的路線還要遠，最後在粉雪堆中停了下來。她比喬許多滑了一小段距離，而跟伊－莎貝爾比起來，她則遠遠領先至少六公尺。

小艾從雪橇上跳起來：「我贏了！」

伊－莎貝爾跑向她。「你滑得太棒了！摩擦力真的有差耶。」喬許提議：「我們每滑一次，都會變得更快，因為雪已經被壓得比較平了。我敢打賭，如果我在小艾那條路線上

用助跑的方式滑，我一定會快到要飛起來。」

「我們去試試看在我那條最陡的路線，用助跑的方式滑下來吧！」伊-莎貝爾提議。

「聽起來很棒！這樣可以知道我們的計畫結合在一起會怎樣。」小艾一把拉起她的雪橇。

「來比賽看誰最快跑到上面！」喬許回頭向她們大喊。「到底為什麼他總是要比賽啊。」小艾問伊-莎貝爾，她們正一起往前跑。

三人跑得上氣不接下氣，笑著看自己跑上丘頂的足跡，享受這美麗冬日裡的每一刻。

那天稍晚，小艾在家裡的回收箱旁邊看到一個大紙箱。她想到一個測試摩擦力的實驗。她要用四種不同的材質表面來測試彈珠的速度：紙板、不織布、砂紙和亮粉。

我的摩擦力實驗

我的疑問： 哪一條路線的表面會讓彈珠滾得最慢？

資料蒐集： 我學過摩擦力會減低物體的加速度和前進能量。

假設： 當彈珠滾過四種不同材質的路線（紙板、不織布、砂紙和亮粉），那它在砂紙上會滾得最慢。因為砂紙摸起來最粗糙，所以我認為會形成最多摩擦力。

實驗步驟：

1. 找一個大紙箱，在上面做四條相同長寬但不同材質的路線。

2. 讓紙板彎曲，形成一個可以向下滑的坡道。

3. 要確認每次都從相同的高度開始讓彈珠往下滾。

4. 找一個人來拿碼表，並且喊「123開始」。

5. 喊完「開始」的時候，拿彈珠的人要放開彈珠，拿碼表的人要開始計時。

6. 只要彈珠一滾過下方的終點，碼表就要停止計時。

7. 在每條路線都重複三次上面的步驟（這樣能讓結果更精準）。

8. 每條路線都完成上面的步驟後，完整收集好資料。

9. 找出每條路線的平均數據。

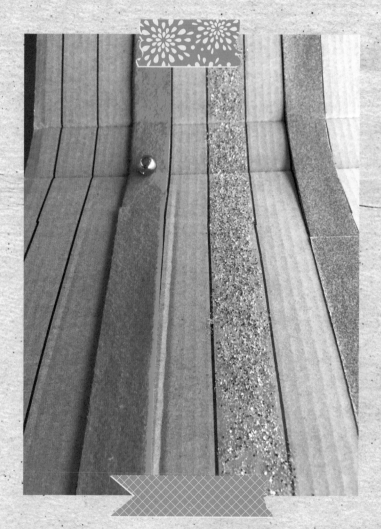

實驗材料：

彈珠、紙板、麥克筆、不織布、膠水、亮粉、砂紙、碼表

我的摩擦力實驗數據

表面材質	第一次	第二次	第三次	平均時間 （把三次加總再除以三）
紙箱紙板	0.85秒	0.96秒	0.78秒	0.86秒
不織布	1.15秒	1:21秒	1.16秒	1.17秒
亮粉	1.06秒	1.19秒	1.15秒	1.13秒
砂紙	1.02秒	1.02秒	1.07秒	1.04秒

結論： 這次時間的測量實在很困難，因為彈珠滾太快了。而且每次結果不會完全一模一樣，加上用碼表計算也很難完全精準，所以多重複幾次很重要。如果我要再做一次實驗的話，我可能會把路線做長一點，還有可能要換成沒那麼會滾的東西，例如一個立方體的物品。

我測出了紙板是能滑最快的一條路線，但是其他三條的結果實在是太接近了，很難確認它們彼此間的排名，所以我這次的實驗沒有結論。

我的科學新詞

加速度

物體的速度改變程度，可能是變快或變慢。這種改變是由施加在物體上的各種力量結合在一起，而形成的結果。

小的力量=小的加速度

同樣的力量，但重量減半=加速度加倍

同樣的力量，但重量變兩倍=加速度減半

力

推力或拉力等。力能改變物體的移動方向，除非有相對的力抵消抗衡。力能夠讓物體產生加速度：使靜止的物體開始移動；或使正在移動的物體減速或是停止，例如火車剎車。力也可以讓移動中的物體在不減速的情況下改變行進方向。你在腳踏車的踏板上施加力量，使它們開始動起來，就能讓腳踏車向前進，除非你騎在斜坡向上前進，因為坡度很陡，重力會阻止你繼續前進。

摩擦力

兩個物體接觸摩擦時會產生的抵抗力。物體接觸表面越粗糙或接觸面積越大,摩擦力會跟著增加。兩個接觸的物體互相擠壓的力越大,摩擦力也會增加。車體較重的車會與路面產生較多的摩擦力,而車體重量越輕,摩擦力也越小。當物體穿越某種流體,例如飛機穿越空氣,產生的摩擦力稱為阻力。摩擦也會將動能轉換為熱能,所以當你把兩根木棍互相快速摩擦,會產生火花。有時候我們需要借助摩擦力,有些時候則不需要:飛機利用流線型的外觀將摩擦力降到最低,這樣就不用消耗太多燃料就能克服阻力;但當同一架飛機在起飛與降落時,會需要讓輪子接觸跑道產生的摩擦力。

動能

物體運動時所帶有的能量。

位能

物體因處於特定位置或情況下儲存的能量,而且位能可以轉換成動能。一條被撐開的緊繃橡皮筋具有位能,一旦鬆開就會轉換成動能快速移動。在高山頂上的巨石也具有位能,從山頂落下時,轉換成動能加速往下滾。

物體靜止

推力　　　　　　　沒有移動
　　　　　　　　　靜摩擦力

物體移動

推力　　　　　　　滑動
　　　　　　　　　動摩擦力

物體移動

推力　　　　　　　滾動
　　　　　　　　　動摩擦力

我還想知道的事：

- 摩擦力在地上、空中和水裡產生的效果都相同嗎？

- 如果世界上沒有摩擦力的話，那被踢一腳的足球會永遠滾動，停不下來嗎？

- 如果我的雪橇撞到牆（或是某個人！）突然停下來，算是摩擦力造成的嗎？物體相撞時產生的抵抗力到哪個階段會停止形成摩擦力，轉變成兩個物體的互相撞擊呢？（抱歉啦老爸，不小心撞到你！）

- 我爸說物體運動的速度其實可以拆分成不同方向來看。他說如果我滑雪時，沿著乙字型的路線從山坡上滑下來，那我橫越雪地的橫向速度應該會大於我下坡的速度。我需要好好思考一下這句話。

附錄：自然課綱對應表

　　這本書中的故事大多發生在一般常見的生活情境裡。其實一邊讀故事，你也一邊學會了學校安排的課程內容喔！這裡整理了十二年國教國小中年級的自然領域課綱對應表，方便師長還有小讀者跟課程搭配閱讀，相信可以讓你的科學筆記和小科學家的點子更完整更豐富！

課綱主題	跨科概念	能力指標編碼及主要內容	本書對應內容
自然界的組成與特性	物質與能量（INa）	INa-Ⅱ-1 自然界（包含生物與非生物）是由不同物質所組成。	P28、34 元素、原子和分子
		INa-Ⅱ-2在地球上，物質具有重量，佔有體積。	P27 物質的質量
		INa-Ⅱ-4 物質的形態會因溫度的不同而改變。	P9-10 雪人融化
		INa-Ⅱ-7 生物需要能量（養分）、陽光、空氣、水和土壤，維持生命、生長與活動。	P54-56 動植物的冬眠機制如何減緩消耗並儲存能量
	構造與功能（INb）	INb-Ⅱ-4 生物體的構造與功能是互相配合的。	P62 雪兔毛色變化與花栗鼠的臉頰 P63 貓頭鷹構造說明
		INb-Ⅱ-7 動植物體的外部形態和內部構造，與其生長、行為、繁衍後代和適應環境有關。	P52-58、62-63 動植物如何適應冬季
	系統與尺度（INc）	INc-Ⅱ-1 使用工具或自訂參考標準可量度與比較。	P71-73 利用碼表測量彈珠的滾動時間
		INc-Ⅱ-5 水和空氣可以傳送動力讓物體移動。	P25-33 氣球飄浮原理 P39-41 空氣動力與紙飛機
		INc-Ⅱ-6 水有三態變化及毛細現象。	P9-10 雪人融化

自然界的現象、規律與作用	改變與穩定（INd）	INd-Ⅱ-2 物質或自然現象的改變情形，可以運用測量的工具和方法得知。	P71-73 測量與比較彈珠在不同材質表面的滾動速度
		INd-Ⅱ-3 生物從出生、成長到死亡有一定的壽命，透過生殖繁衍下一代。	P57 天擇
		INd-Ⅱ-8 力有各種不同的形式。	P25-33 浮力 P39-41、49 引力、升力、阻力、推力 P65-76 摩擦力
		INd-Ⅱ-9 施力可能會使物體改變運動情形或形狀；當物體受力變形時，有的可恢復原狀，有的不能恢復原狀。	P66 摩擦力使雪橇減速 P68 助跑讓雪橇加速
	交互作用（INe）	INe-Ⅱ-1 自然界的物體、生物、環境間常會相互影響。	P12 全球氣溫上升影響生物食物鏈
		INe-Ⅱ-11 環境的變化會影響植物生長。	P54-55 寒冬讓動植物減緩活動與生長
自然界的永續發展	科學與生活（INf）	INf-Ⅱ-5 人類活動對環境造成影響。	P12-13、20 工業活動導致氣候變遷
		INf-Ⅱ-7 水與空氣汙染會對生物產生影響。	P12-13、21 空氣汙染引發的溫室效應影響動植物
	資源與永續性（INg）	INg-Ⅱ-1 自然環境中有許多資源。人類生存與生活需依賴自然環境中的各種資源，但自然資源都是有限的，需要珍惜使用。	P22 不同食物製造的二氧化碳排放表 P23 生產不同食物所需水量表
		INg-Ⅱ-2 地球資源永續可結合日常生活中低碳與節水方法做起。	P14-16、18-19 減少碳足跡方法
		INg-Ⅱ-3 可利用垃圾減量、資源回收、節約能源等方法來保護環境。	P18-19 綠生活碳足跡方法表

致 謝

謝謝強納森・伊頓，以及緹布瑞出版社（Tilbury House）的工作人員，真的非常感謝你們相信這個創作計畫。也謝謝荷莉・哈塔姆用精美的插圖呈現出小艾筆記的神韻。

我的先生安德魯，假如讀者認識他的話，可以在全書各故事中發現他的蹤跡。他從草稿到最後定稿的版本都給了我許多回饋與想法。謝謝你對我展現出的支持，也謝謝你永遠支持著我們全家。

感謝我那些大人試讀者，安德魯・麥卡洛、琳賽・柯本斯，以及佩姬・貝克史沃特，你們每個人都提供我獨特的觀察透鏡，讓這本書更好。也謝謝我的兒童試讀者，格蕾塔・荷姆斯、希薇亞・荷姆斯、伊莎貝爾・卡爾、艾莉森・史馬特，以及葛蕾塔・尼曼，感謝你們誠實的建議（而且讀起來超好玩的！）。我還要謝謝我那些在法爾茅斯初級中學的學生們；我在寫這些故事時，一直惦記著你們常提出的那類問題，才開創了小艾筆記的願景。

最後但同樣重要的，是要感謝我的校對夥伴幫忙審查科學內容的正確性並協助編輯：安德魯・麥卡洛、格蘭特・特倫布雷、莎拉・道森、埃利・威爾森、珍・巴伯爾。還要謝謝本德・海利希很慷慨的協助回答一個唯有他能解答的問題。這本書背後有許許多多的想法和知識，因為這些人的幫助，我才能完成這些故事。

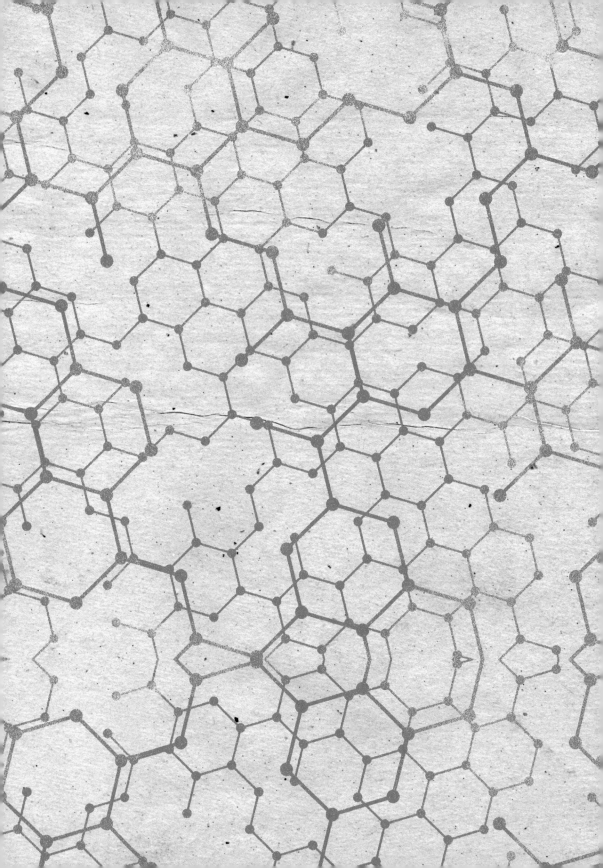